# 守护视力大挑战

和坏习惯说再见
全5册
儿童健康自我管理绘本

4

徐瑞达 / 著　苏小泡 / 绘

U0220552

中信出版集团 | 北京

图书在版编目（CIP）数据

守护视力大挑战 / 徐瑞达著；苏小泡绘 . -- 北京：
中信出版社 , 2024.8
（和坏习惯说再见：儿童健康自我管理绘本）
ISBN 978-7-5217-6391-1

Ⅰ . ①守… Ⅱ . ①徐… ②苏… Ⅲ . ①近视－防治－
儿童读物 Ⅳ . ① R778.1-49

中国国家版本馆 CIP 数据核字（2024）第 044179 号

守护视力大挑战

（和坏习惯说再见：儿童健康自我管理绘本）

著　　者：徐瑞达
绘　　者：苏小泡
出版发行：中信出版集团股份有限公司
　　　　　（北京市朝阳区东三环北路27号嘉铭中心　邮编　100020）
承　印　者：北京尚唐印刷包装有限公司

开　　本：889mm×1194mm　1/16　　印　张：12.5　　字　数：330千字
版　　次：2024年8月第1版　　　　印　次：2024年8月第1次印刷
书　　号：ISBN 978-7-5217-6391-1
定　　价：99.00元（全5册）

出　　品：中信儿童书店
图书策划：小飞马童书
总 策 划：赵媛媛
策划编辑：白雪
责任编辑：蒋璞莹
营　　销：中信童书营销中心
装帧设计：刘潇然
内文排版：李艳芝
封面插画：脆哩哩

# ☆ 主要人物 ☆

**冷布丁**

古灵精怪，喜欢钻研各种稀奇古怪的问题。对零食了如指掌，人称"零食大王"。口头禅是"哎呀呀"。

**泡泡**

冷布丁的好朋友，单纯可爱，想象力丰富，能把任何物品联想成美食。食量超大，尤其喜欢甜食。

**叮叮当**

**丘丘兵**

超能小圆，零食博物馆送给小朋友们的机器人。它们身怀绝技，除了能随意变形，还能用各种出人意料的方式解决疑难问题。

**菲菲**

文静乖巧，说话轻声细语。喜欢看书和画画。擅长配色，能把食物搭配得像彩虹一样漂亮。

**默默**

机智勇敢的小班长，超级小学霸，热爱运动，活力四射，各方面都十分优秀。

**咕噜噜**

**叮铃铃**

**凯文老师**

小朋友们心中最神秘、最有趣的老师，总能给大家带来惊喜。

嘿，我是冷布丁，还记得我们上一次的历险吗？从肚子剧场出来后，我们发现叮叮当失踪了！身处七号星球，没有地图，没有导航……大家除了干着急，什么都做不了。我正想放声大哭，突然，半空中隐约出现了一艘巨大的飞艇。

外星人似乎听懂了我们的求助。不过，飞艇并没有
降落下来，而是伸出几只长长的"手"，像吸尘器一样，
嗖嗖几下把我们吸到了飞艇里。

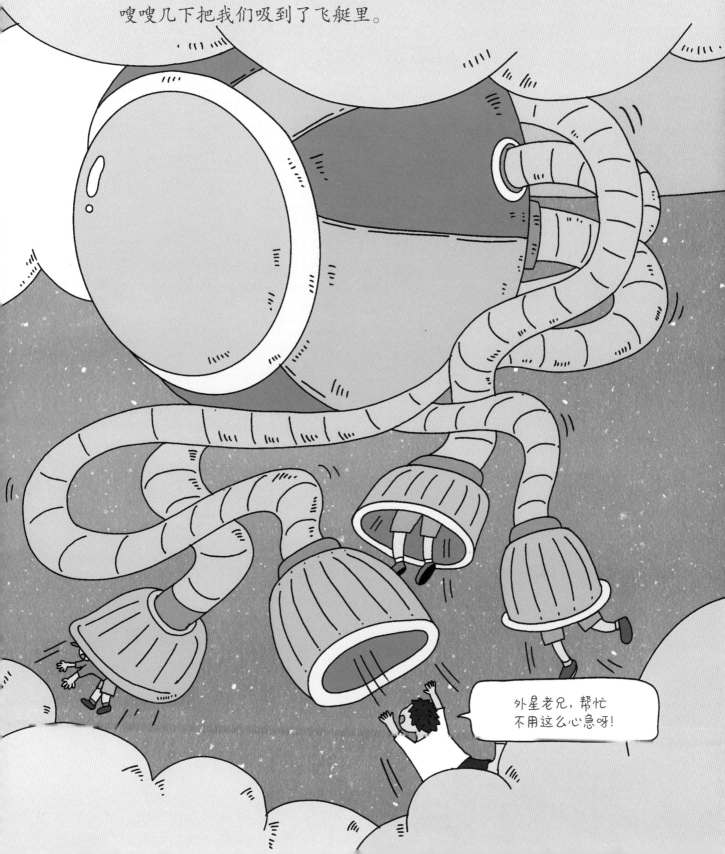

这外星人的外形看起来有点儿像灯泡。它扭了扭脑袋，瓮声瓮气地说："你们找对人了，我的大眼睛飞艇什么都能找到，只要你们每个人都能答对我的问题……"

怎么又要答题呀？我们望着外星人，心里越发疑惑，不知这家伙的葫芦里到底卖的什么药！

外星人不紧不慢地走到我面前，开口问道："请问地球人，你们是用什么看东西？"哈哈，还以为是什么高难度问题呢，这一岁小孩都知道，当然是眼睛！说着我给它指了指我炯炯有神的大眼睛。

外星人很满意，它拿出相机对着我的眼睛拍了张照片。奇怪的是，那照片看起来就像一块小饼干。接着，外星人把照片喂到了飞艇发动机的"嘴巴"里。"吃"了照片的飞艇好像突然有了力气，它鼓足了劲儿，呼呼呼地快速向前飞去！

飞艇飞了一会儿就停了下来，外星人指了指咕噜噜问："请你回答，地球人的眼睛为什么能看见东西？"这个问题可难不倒超能小圆。咕噜噜立刻变成一个透明的立体模型，上面的注释写得清清楚楚。

光线的折射

视网膜

大脑枕叶

## 人眼视觉系统

人的眼睛就像一架神奇的照相机，来自物体的光线可以穿过眼球，折射后成像。当这个影像投映到视网膜上时，我们就能看见物体啦！不过这时的影像是倒立的，需要经过大脑处理才能正过来。

过了好一会儿，全速前进的飞艇像没力气了似的，慢悠悠地停了下来。不用说，问题又来了。这个外星人似乎对地球人的眼睛极其感兴趣！

听到菲菲干脆利落的回答，外星人并不满意。它要求菲菲给出详细一点的解释——地球人近视到底是眼睛哪里出了问题？哎呀呀，这可怎么办？菲菲怎么可能说清楚呢？

叮铃铃急中生智，立即跑到咕噜噜身边，变成一个与它相似但"加长版"的模型。它们俩排在一块儿，对比起来区别一目了然。

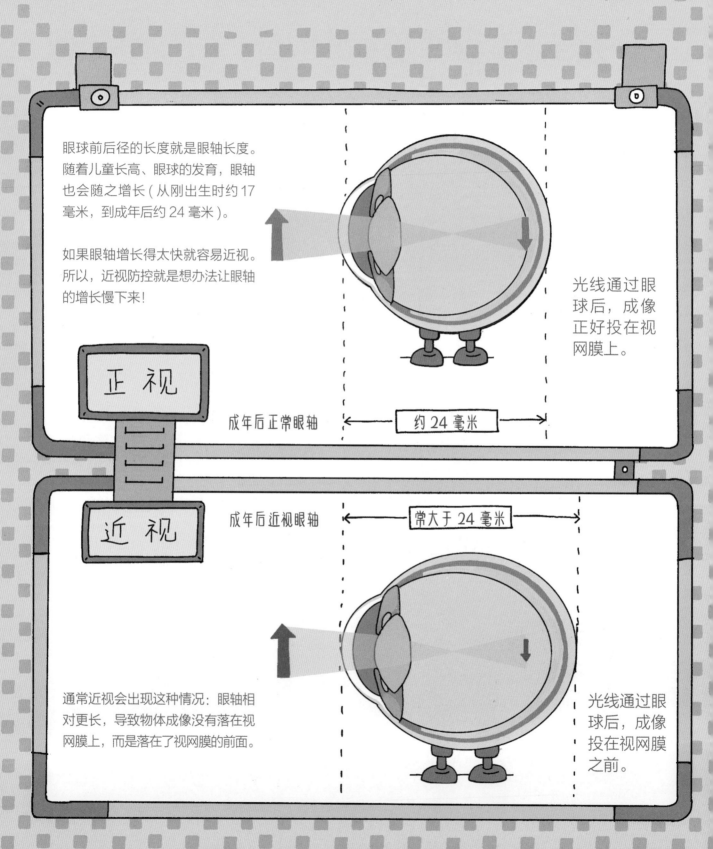

眼球前后径的长度就是眼轴长度。随着儿童长高、眼球的发育，眼轴也会随之增长（从刚出生时约17毫米，到成年后约24毫米）。

如果眼轴增长得太快就容易近视。所以，近视防控就是想办法让眼轴的增长慢下来！

正 视

成年后正常眼轴 ←————— 约24毫米 —————→

光线通过眼球后，成像正好投在视网膜上。

近 视

成年后近视眼轴 ←————— 常大于24毫米 —————→

通常近视会出现这种情况：眼轴相对更长，导致物体成像没有落在视网膜上，而是落在了视网膜的前面。

光线通过眼球后，成像投在视网膜之前。

　　也许是因为别人帮忙了，这次拍出的照片特别小，外星人捏着那小得可怜的照片说："太小了，这还不够塞牙缝的呢！接下来我叫谁回答谁就回答，不许找别人帮忙！"吃了"小饼干"的飞艇勉强向前动了动。

　　"如果地球人近视了，会怎么办？"这个问题外星人恰好点到老师来回答。老师不厌其烦地一步步画出图解，外星人紧跟着拍出了厚厚的一叠照片，随后脸上终于露出了满意的笑容。

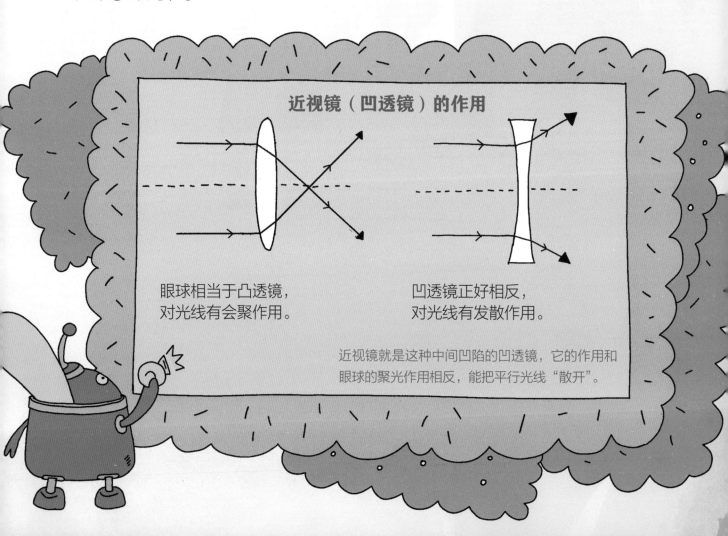

## 近视镜（凹透镜）的作用

眼球相当于凸透镜，对光线有会聚作用。

凹透镜正好相反，对光线有发散作用。

近视镜就是这种中间凹陷的凹透镜，它的作用和眼球的聚光作用相反，能把平行光线"散开"。

# 揭秘戴近视镜前后的区别

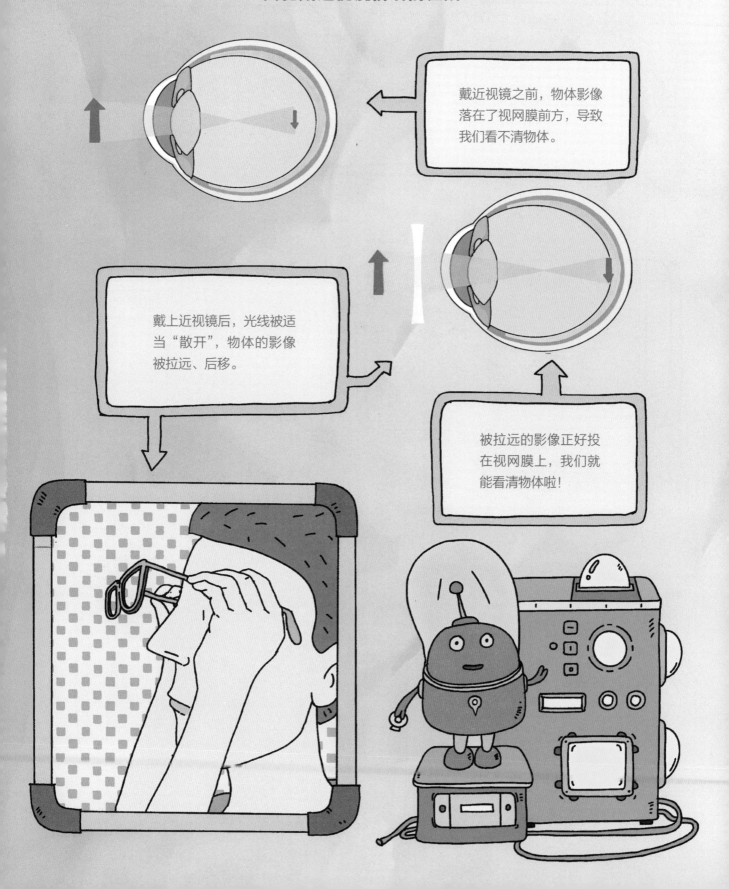

戴近视镜之前，物体影像落在了视网膜前方，导致我们看不清物体。

戴上近视镜后，光线被适当"散开"，物体的影像被拉远、后移。

被拉远的影像正好投在视网膜上，我们就能看清物体啦！

默默没答对！这下可糟了，吃下这些照片的飞艇开始缓慢下沉，而且好像还在慢慢变长。怎么会这样？外星人事先也没告诉我们答错会出问题啊！

"近视能治好吗？"这是外星人的最后一个问题，轮到泡泡回答了。他不敢轻易说，毕竟如果答错了，后果不堪设想。经过一番努力的思考和回忆，他回答"能治好"。可想而知……他答错了！

近视手术只是帮我们看清东西，并不能让变长的眼轴缩回去。

近视主要是眼球的生长过于"着急"。已经过度生长的眼球，无法再恢复正常。因此，近视无法治愈。

想恢复视力，可通过科学的方法进行矫正（比如佩戴眼镜、角膜塑形镜，做近视手术等），但如果眼轴过长，眼球的健康隐患依然存在。

不要给它吃这个呀！

也许是因为错误答案的照片吃得太多，意想不到的事情发生了……

不用说也能想到，我们得有多狼狈。更不幸的是，所有小孩子在落地的过程中全都近视了！虽然浓雾已散，但我们看远处仍然模糊一片，就像外星人最开始展示的那张照片一样。

还好，超能小圆拿出了近视眼镜，拯救了大家。惊魂未定的我们刚想休息一下，就听到外星人大喊："尘卷风！快躲进山洞！"吓得我们撒腿就跑。

狂风卷起沙石从洞口呼啸而过，过了好一会儿，等山洞外重归平静时，我们迫不及待地从冰冷的山洞中跑出去，外面温暖的空气扑面而来。不好！我的眼前突然变得模糊一片！因为眼镜遇热起雾，我什么都看不见，猛的一下和泡泡撞到一块儿，俩人都撞了个人仰马翻。

看不清还真是个麻烦事！瞧瞧给我俩摔成什么样了。大家用同情的眼神看了看我们，又看了看凯文老师，应该都是在想，他戴着眼镜生活了这么多年，一定很辛苦！

叮铃铃说的并发症，大家都没太听懂。但保护视力这件事，我刚才摔得有多痛，现在就记得有多牢！

为了修好外星人的飞艇，超能小圆们开始忙碌起来。它们用印着预防近视小妙招的胶条，把飞艇修补好了。我们终于能再次乘坐飞艇，腾空而起！

# 预防近视小妙招

1. 尽可能增加户外活动时间，当然也要避免强光直射眼睛。

2. 减少近距离用眼时间，并时常远眺，遵从"三个20"法则：每近看20分钟，向20英尺（约6米）以外远眺20秒。

3. 顺应昼夜节律，早睡早起，同时保证睡眠时长。

4. 避免高糖饮食。

5. 三周岁后建立屈光发育档案，记录眼轴增长速度，必要时提早做干预。

随着飞艇的飞行，眼前的一切又渐渐变得清晰起来，我们的视力恢复啦！我向下俯视，定睛一看，不远处那圆滚滚的橙色小球不就是我可怜的叮叮当吗？哈哈，大家开心得欢呼起来，只有老师还是一如既往地淡定微笑……

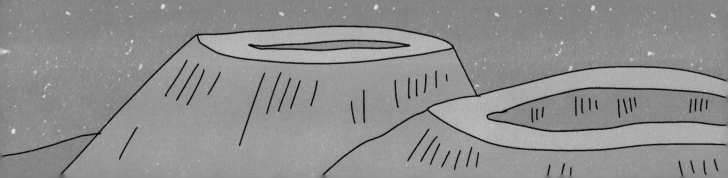

## 说给孩子的话

亲爱的小朋友，看了这本书，我们得知近视的危害不止看不清，无法治愈，高度近视还容易引发可怕的并发症，有致盲的风险。最好的办法就是预防。你还记得预防近视的方法有哪些吗？对了，所有的方法中，最简便有效的就是确保每天进行两小时以上的户外活动，这可是科学家研究得出的结论哟！

现在冷布丁和他的同学们已经做好了计划，他们打算即使是在严寒的冬季，只要天气允许，也去公园跑步或散步，有时候还要去滑雪和滑冰。如果天气温暖，那就更好啦，他们要一起去广场放风筝和打羽毛球。这是他们想到的好方法，既能在户外接受自然光照，又能远眺缓解视疲劳，一举两得。你还能想到哪些保护眼睛的好方法？快和爸爸妈妈一起聊一聊你的计划吧！

**光学小实验：改变方向的超能小圆**

科学原理：灌满水的玻璃杯相当于一种特殊的凸透镜，可以折射光线。左右方向上的弧度导致了光线左右方向上的弯折，使得我们看到了方向颠倒的超能小圆。

第一步
准备材料：
1. 带有箭头或可爱图案的图片
2. 透明水杯或水瓶
3. 水

第二步
把图片放在水杯或水瓶后不远处。

第三步
慢慢把水倒入水杯或水瓶中。观察图案方向的变化。

# 家长一起学
## 为孩子的健康保驾护航

### 近视可以治愈吗？

近视人口不断增加，已成全球公共卫生难题。令人无奈的是，在科学如此发达的今天，近视仍然无法治愈，只能预防和矫正。

总的来说，眼球发育是一条"单行道"，随着儿童身高的增长，眼球也在逐渐发育，所以眼轴总体上也是保持增长的趋势，直到眼球停止发育。一般来说，儿童近视发生的年龄越小，成年后眼睛近视的度数也就越高。

有些近视患者在成年之后选择做激光手术，但其实也只能达到摘掉眼镜的效果。近视对眼睛的影响，尤其是高度近视对眼底潜在的危害仍然存在。

近视重在预防。最好是从源头上，从每个家庭开始，尽早做好用眼知识储备，家长尽早给孩子做好引导，防患于未然。

### 为什么建立屈光发育档案很重要？

每位家长都应该到正规眼科医院去给 3 岁以上儿童建立屈光发育档案，密切监测孩子眼睛的发育情况，就像我们频繁给孩子测量身高、体重一样。

传统的一些办法，比如观察孩子是否眯眼、揉眼睛、斜着看东西等，虽能在一定程度上辅助判断孩子是否近视，但都是"事后"判断，既做不到真正尽早发现，也起不到预防的作用。

屈光发育档案不仅能判断孩子此刻有没有近视，还能帮助我们了解孩子的视力发育趋势，并以此推测出孩子将来近视的风险，这样我们就有足够的时间来提前干预，让近视延缓，甚至完全不近视。

## 还有哪些需要重视的视力问题？

### 1. 远视

儿童都有一定程度的生理性远视，也叫远视储备。有适当远视储备的孩子会随着年龄的增长，逐渐发育成正视眼。而没有远视储备或储备不足的孩子更容易发展成近视。但超出正常范围的远视也需要重视。

### 2. 散光

散光是看远看近都模糊不清，严重者看东西甚至会有重影、变形等情况。一般散光在100度以内，并且双眼裸眼视力也在该年龄段正常视力范围内的，可以不用干预。对于其他情况要及时干预，避免影响孩子的视力发育，避免发展成弱视。

### 3. 弱视

弱视的症状和近视有相似之处，都表现为裸眼视力模糊，因此常常被忽略或被错认为是近视，导致错过黄金治疗时机。弱视的早发现和早干预很关键。如果是 6 岁之前进行治疗，有些孩子的视力可以恢复到正常水平。如果发现过晚，比如等到 10 岁以后再治疗，效果就会大打折扣。总体上干预时间越早，效果越好。

## 相关研究

流行病学调查显示，遗传因素和环境因素都有可能引起儿童青少年近视。在环境因素中，多数研究认为充足的户外活动时间、睡眠时间等能有效帮助儿童青少年预防近视、保护眼睛；而长时间近距离学习、睡眠不足、昼夜节律紊乱、嗜甜等都是引发儿童青少年近视的危险因素。

### 1. 户外光照与近视

澳大利亚的一项研究发现，引起儿童近视的一个关键因素是户外活动时间短。即使父母都近视、孩子写作业和玩电脑的时间长，只要孩子确保每天进行两小时以上的户外活动，就可以预防近视的早发生。《美国医学会杂志》（JAMA）发表的一份研究表明，在 6 岁儿童中，与一般活动相比，参与学校额外的户外活动的儿童其后 3 年的近视发生率明显下降。还有一项对丹麦（高纬度地区，冬季夜长昼短）儿童的研究表明，丹麦儿童眼球夏季生长速度正常，冬季生长速度变快。研究推测阳光对眼球生长发育有重要影响。

### 2. 睡眠时间、昼夜节律与近视

北京的一项调查研究显示，每日睡眠时长不足 7 小时的孩子近视发生率为 68.45%，远高于每日睡眠时长超过 9 小时的孩子近视发生率（34.80%），在调整年龄、性别、父母近视等影响因素后发现，每日睡眠时长与儿童青少年近视高度负相关。韩国的一项调查结果显示，中高度近视儿童青少年每日睡眠时长不足 7 小时，轻度近视儿童青少年每日睡眠时长也仅有 7.2 小时，低于视力正常儿童青少年的 7.4 小时。

此外，近年来，越来越多的证据表明，人类及动物的眼轴和其他解剖生理特征都会受昼夜节律的影响。昼夜节律紊乱可能也是影响近视发生的因素之一。

### 3. 高糖饮食与近视

已有文献报道高糖是导致近视的危险因素之一。一项研究指出，高糖分的摄入会导致人体内胰岛素水平急性或者慢性升高，同时也会导致不受约束的胰岛素样生长因子 IGF-1 增加。IGF-1 的增加会直接或者间接加快眼睛中巩膜的增长，从而引发近视。

# ☆ 主创人员 ☆

**徐瑞达**

度本图书（Dopress Books）工作室创始人、主编、科普作者。主张快乐育儿，科学育儿，有讲不完的爆笑故事，也有根植于心的谨慎固执。倡导"健康管理，始于幼年"。

**苏小泡**

儿童插画、商业插画、新闻漫画创作者。现居地球。拥有一只猫和一支笔。

# ☆ 顾问专家 ☆

**华天懿**

中国医科大学附属盛京医院儿童保健科副主任医师，医学博士，从事发育儿科医、教、研工作20余年。在儿童生长发育、营养、心理及保健指导方面拥有丰富的临床经验。

**孙裕强**

中国医科大学附属第一医院急诊科副主任医师，医学博士，美国梅奥诊所高级访问学者、临床研究合作助理。